Georges Pouchet

La Forme et la Vie

Essai

 Le code de la propriété intellectuelle du 1er juillet 1992 interdit en effet expressément la photocopie à usage collectif sans autorisation des ayants droit. Or, cette pratique s'est généralisée dans les établissements d'enseignement supérieur, provoquant une baisse brutale des achats de livres et de revues, au point que la possibilité même pour les auteurs de créer des œuvres nouvelles et de les faire éditer correctement est aujourd'hui menacée. En application de la loi du 11 mars 1957, il est interdit de reproduire intégralement ou partiellement le présent ouvrage, sur quelque support que ce soit, sans autorisation de l'Éditeur ou du Centre Français d'Exploitation du Droit de Copie , 20, rue Grands Augustins, 75006 Paris.

ISBN : 978-1977836885

10 9 8 7 6 5 4 3 2 1

Georges Pouchet

La Forme et la Vie

Essai

Table de Matières

Section I	6
Section II	8
Section III	10
Section IV	17
Section V	21
Section VI	24

Section I

Quand nous jetons les yeux sur le monde au milieu duquel l'homme s'agite, il semble bien au premier abord que tout ce qui vit, la plante, l'animal, même toute partie de ce qui vit, une feuille, un os, a une forme définie dans ses contours, si bien que nous sommes naturellement conduits à voir dans la *forme* des êtres organisés un attribut essentiel de la vie. Au contraire, les gaz qui s'épandent à l'infini, les liquides moulés sur les parois du vase qui en arrêtent l'écoulement, les roches, taillées de mille façons sans cesser d'être la même roche, nous montrent le monde inorganique affranchi presque tout entier de la fatalité de la forme.

Les cristaux, à la vérité, semblent ici faire exception. Eux aussi ont des formes arrêtées, aux contours encore beaucoup mieux définis que ceux de la vie et quelquefois d'une grande élégance. Mais qu'on les broie dans un mortier, ce sera toujours le même corps, ce sera la même espèce chimique, si ce n'est plus le cristal. Un être vivant, la canne à sucre, la betterave râpées, réduites en pulpe, n'ont plus rien d'elles-mêmes. Elles ont cessé d'être, elles ont disparu irrémédiablement : toute la puissance de la nature, aidée de tout le savoir humain, ne saurait avec cette pulpe les réédifier dans leur forme, tandis que nous pouvons refaire le cristal et le tirer à nouveau de sa poussière.

L'être vivant considéré en lui-même, indépendamment de ceux dont il dérive et de ceux qui dériveront de lui, est à sa façon, — dans la plupart des cas, car il y a des exceptions, — une sorte d'atome, un tout indivisible. De là cette dénomination très juste d'*individu*, passée de la philosophie grecque dans la scolastique et par elle dans le langage courant pour désigner l'être doué de vie. Ce que nous appelons espèce en parlant des plantes ou des animaux n'est, en définitive, que le groupement fait par notre esprit de tous les individus vivants offrant sensiblement la même forme et que nous sommes fondés par empirisme à croire tous unis dans une parenté commune.

Mais si la forme nous apparaît comme un attribut essentiel de la vie, elle ne peut cependant servir à la caractériser, puisqu'il existe aussi des corps qui sont des individus, dans le monde inorganique, en dehors des cristaux. Les planètes, les anneaux de Saturne sont des exemples qui viennent aussitôt à l'esprit. On pourra ranger dans la même catégorie les comètes et les tores de fumée qui sont aussi des individus, qui cessent d'être par le fait même de leur division ou de leur dissociation.

La forme ne suffit donc pas à caractériser l'individu vivant : voyons si les traits généraux et l'aspect extérieur des êtres organisés, plantes ou animaux, ne vont pas nous offrir des signes qui les distinguent des corps purement minéraux.

On a opposé les contours plans ou sphériques, les arêtes vives, les angles définis des cristaux et des corps célestes aux surfaces onduleuses, à la silhouette moins géométrique, plus mollement accusée des plantes et des animaux. Certes, ce caractère n'est pas absolument dépourvu de valeur, de sorte que l'esprit le moins préparé s'y trompe rarement. Parfois le lapidaire, en taillant l'agate, met à découvert de délicates arborisations dans la transparence de la gemme. On les recueille précieusement, les musées en sont pleins, et l'illusion est parfois très vive : vous croiriez avoir sous les yeux une mousse pétrifiée. Il suffit de la loupe, et, au besoin, du microscope pour s'assurer qu'il ne s'agit point là d'un végétal fossile, et découvrir tout un assemblage d'aiguilles cristallines qui n'ont rien de commun avec les délicates articulations et les contours onduleusement dessinés d'une mousse véritable, pas plus que l'arbre de Saturne des alchimistes n'est un buisson vert. Eux-mêmes ne s'y trompaient pas, et c'est seulement au figuré qu'ils nommèrent ainsi l'élégante frondaison de métal qu'ils savaient par un artifice faire naître et grandir sous leurs yeux.

Ce cachet particulier se présente si nettement imprimé sur chaque être vivant et sur chacune de ses parties, il est tellement reconnaissable qu'il guide le naturaliste avec sûreté, même pour affirmer, d'après le moindre débris ou la plus faible empreinte, l'existence certaine à la surface du globe, par-delà des temps prodigieusement lointains, d'êtres qui ont vécu alors et qu'il ne connaît pas. Il en est qui n'ont laissé que leurs traces, et nous affirmons que la vie a passé là, sans savoir souvent si l'être était plante ou animal. Il n'y a pas deux ans que des terrassements exécutés à Paris même, rue Lhomond, mettaient au jour une pétrification étrange, telle qu'on n'en connaissait point de pareille et dont la nature reste encore mystérieuse. On l'a rapprochée des algues, mais on peut y voir également la dépouille d'un être bien supérieur en organisation. Les anciens eux-mêmes, s'ils n'avaient point notre savoir pour interpréter la véritable nature des fossiles, n'hésitaient pas du moins à reconnaître cette marque de fabrique que la vie imprime partout et toujours à ses œuvres. La science d'alors ne donnait aucun moyen de discerner dans les ammonites la coquille d'un animal voisin des seiches et des calmars. Mais on eut du moins le sentiment très net que cela avait vécu, et par analogie on croyait y voir des cornes d'animaux conservées par la terre.

Section II

La forme cependant n'est pas un attribut essentiel de la vie. Il existe des êtres vivants dépourvus de forme définie, comme il existe des substances chimiques qui ne cristallisent point. Le microscope nous révèle, dans certaines eaux stagnantes, la présence de petites masses comme gélatineuses qui se déforment sans cesse et se meuvent. On voit une partie de la masse s'allonger comme un pied qui s'avance. Puis l'être tout entier semble passer dans ce prolongement gonflé en proportion. Une autre expansion naît sur un autre point, et la goutte visqueuse, sans cesse déformée, semble s'écouler lentement. Si parfois elle rencontre quelque débris végétal, elle l'enveloppe, et celui-ci bientôt subit une véritable digestion. Le résidu est rejeté par un point quelconque de la surface comme il avait été absorbé.

La découverte de ces êtres au siècle dernier, — alors que la biologie était encore trop peu avancée, — n'eut pas tout le retentissement qu'elle méritait, peut-être parce qu'elle n'est point due à un naturaliste de profession, mais à un amateur, à un peintre qui avait pris goût à l'étude des animaux en les dessinant. Il s'appelait Rœsel de Rosenhof. Il a publié un livre dont le titre pourrait se traduire : *Récréations entomologiques*. Rœsel a d'ailleurs, bien observé l'être qu'il appelle le Petit-Protée, il l'a vu changer de forme et même se segmenter pour donner deux individus indépendants semblables au premier. Il en a fait aussi d'excellents dessins qu'il grava lui-même. Le dernier volume des Récréations avait paru en 1755. Cinq ans plus tard Linnæus, dans la 10ᵉ édition de son Système de la nature, renchérit sur Rœsel et désigne l'être étrange « plus inconstant que Prêtée lui-même, » *Proteo inconstantior*, sous le nom de Volvox Chaos ; mais dans une édition suivante il revient au premier nom et, le combinant à ses propres idées, s'arrête à la désignation pompeuse de Chaos Protée. Nous appelons aujourd'hui ces êtres des amibes. Quant à cette multiplication si simple par division, qu'avait observée Rœsel, on peut la provoquer et sectionner l'amibe en deux, chaque portion d'elle-même étant apte à se faire indifféremment surface ou profondeur, partie traînante ou partie entraînée, mobile et sensible tout à la fois. Car l'amibe choisit sa direction et saura trouver ou plus de lumière ou plus d'obscurité selon ce que nous pouvons appeler ses aspirations, puisqu'il s'agit, en définitive, d'un être vivant.

Il y a quelques années, un savant allemand aux conceptions toujours larges, mais trop souvent téméraires, crut découvrir que sur le fond entier des océans s'étale une sorte d'amibe immense, couvrant ainsi de sa substance sensible et vivante une portion de la planète. Les zoologistes ont souvent ce travers de commencer par nommer avant d'étudier, et M. Haeckel appela cette gelée où il croyait avoir retrouvé en quelque sorte la première ébauche de la vie, du nom de *Bathybius*, l'être de l'abîme. Tout, malheureusement, dans cette révélation si intéressante, n'était qu'erreur : quelques traînées de mucus accrochées aux dragues avaient enflammé l'imagination du professeur d'Iéna.

Si le bathybius n'existe point, il n'est pas besoin cependant de microscope pour assister au spectacle d'un être vivant volumineux qui va, vient, se meut et se déplace, bien que dépourvu comme le protée microscopique de toute forme définie. Quand les tanneurs retirent des cuves les peaux mises en préparation, ils font, avec le tan qui a servi, de grands amas où une foule d'insectes et d'êtres de toute sorte viennent chercher leur existence. Si on éventre au printemps une de ces buttes de tannée, on découvre aussitôt çà et là des filaments irréguliers d'un beau jaune d'or, mais qui sont mous, muqueux. Regardez-les et vous verrez qu'ils se déplacent, s'écoulent à la manière des amibes. Ils semblent dans la masse du tan se chercher les uns les autres, car l'été, après quelque pluie d'orage, nous les verrons se réunir, puis surgir au dehors sous la forme d'une sorte de gâteau jaune, large et épais comme les deux mains, que les botanistes ont appelé du nom grec de myxomycète, c'est-à-dire champignon muqueux.

Détachez une partie de cette masse, placez-la sur un tesson, vous la verrez comme l'amibe étendre devant elle des expansions rameuses, y passer tout entière ; vous la verrez s'étaler ou revenir sur elle-même en bosselures changeantes auxquelles succéderont bientôt de nouveaux étalements.

Nous voilà donc en présence d'êtres vivants sans forme, sans organes, composés uniquement d'une substance opaque, fortement colorée chez les myxomycètes, mais transparente comme le cristal chez l'amibe, un peu plus dense que l'eau, avec laquelle elle ne se mélange pas, substance qui se meut, qui sent, c'est-à-dire qui partage avec nous-mêmes les attributs supérieurs de la vie.

Section III

La découverte des amibes ne fut guère au début qu'une curiosité, jusqu'au jour où deux naturalistes, Dujardin et Hugo Mohl, presque en même temps, Dujardin toutefois le premier, appelèrent l'attention sur une substance entrant dans la constitution des infusoires et des cellules des plantes, qui avait tous les caractères de la substance des amibes. Dujardin la dénomma *sarcode* ; Hugo Mohl s'arrêta quelques mois après au nom de *protoplasma* qui a prévalu. Dujardin est certes un des biologistes dont la France peut s'honorer à plus juste titre, bien qu'il soit demeuré sa vie durant à peu près méconnu, repoussé du cénacle parisien, relégué en province. C'est seulement après sa mort qu'on a rendu quelque justice à ses travaux. Le nom de sarcode introduit par lui dans le langage scientifique n'a pas été adopté, tandis que la dénomination de protoplasma imposée par le savant allemand à une des parties constituantes de la cellule végétale eut cette singulière fortune de devenir presque synonyme de matière vivante ou même ayant vécu. C'est ainsi que certains anatomistes l'emploient pour désigner la substance de la corne ou la masse des cellules superficielles de l'épiderme qui ont accompli le cycle de leur existence et ne sont plus que des cadavres de cellules.

Mais cette substance amorphe, sarcode ou protoplasma, comme on voudra l'appeler, n'est pas moins à nos yeux la base même de l'organisme. Chez les végétaux, c'est elle qui édifie en quelque sorte chaque cellule, comme le ver ou le mollusque produisent la coquille et le tube qui les protègent, comme la chenille s'enveloppe du cocon qu'elle a tiré de ses glandes. De même le protoplasma modèle autour de lui les parois de la cellule où il reste enfermé. Mais il en est toujours la partie vivante par excellence, et quand il disparaît, cette paroi cellulaire n'est plus qu'un corps inerte.

De même, chez les animaux, l'œuf ou tout au moins sa partie essentielle, le vitellus, nous montre dans sa forme sphérique à peu près universelle le protoplasma façonné d'abord par les seules lois des attractions et des résistances communes à toute matière. Mais dès que cet œuf s'anime, les premiers signes qu'il donne de son activité propre sont précisément des mouvements comparables à ceux de l'amibe. C'est donc sans effort que nous retrouvons autour de nous et de différents côtés la vie affranchie de la forme. Nous comprenons qu'elle n'est pas essentiellement et fatalement liée à cette forme. Un corps peut être vivant et n'avoir pas de configuration définie. Et dès lors un problème se pose : un liquide, une humeur du corps, peuvent-ils être vivants ? Le sang est-il vivant comme la substance des nerfs ou la chair des muscles ? Question profonde et qui n'est pas encore résolue. Voilà longtemps en tout cas que la science a été conduite à chercher ailleurs que dans la forme la caractéristique de la vie.

Les aristotéliciens voyaient, dans ce que nous appelons la vie, un mouvement ; ils donnent d'ailleurs ce nom à toute altération ou changement d'état des corps naturels aussi bien qu'à leur translation proprement dite dans l'espace. Le traité aristotélique *de l'Ame* caractérise la vie par ces trois faits : « se nourrir par soi-même, se développer et périr. » La croissance et le dépérissement sont des altérations, par conséquent des mouvements ; et comme on les voit toujours intimement unis à l'alimentation de la plante aussi bien que de l'animal, c'est l'acte de se nourrir qu'on retrouve en définitive à la base du mouvement qui est la vie. De la philosophie grecque les mêmes idées passent dans la Somme de. Thomas d'Aquin, qui voit aussi dans la vie ce même u mouvement » spécial auquel ne participent point les corps inertes. D'ailleurs, pendant la croissance, appelée d'un nom si juste « développement » quand il s'agit des êtres vivants, ne voyons-nous pas les parties dont ils sont composés se déplacer les unes par rapport aux autres ? N'avons-nous pas là une distinction nette, absolue, avec l'accroissement des corps minéraux ? La formule célèbre de Linné dans sa caractéristique des trois règnes : « les minéraux grandissent, les végétaux grandissent et vivent… » est ici en arrière sur la *Somme* de saint Thomas, puisqu'elle semble consacrer une assimilation fausse dans la mode de croissance des végétaux et des minéraux.

Il est, à la vérité, certaines parties chez les animaux qui grandissent ainsi par une simple accession constante de parties nouvelles surajoutées : telle la coquille des mollusques, même alors qu'elle est enfermée sous les chairs comme l'os de la seiche. Mais précisément ces formations, bien que dérivées de l'organisme, ne sont pas elles-mêmes vivantes. Elles portent, si l'on peut dire, l'empreinte et le cachet de la vie au point qu'on les reconnaît pour en être un produit, mais rien de plus. Et si elles grandissent, c'est justement à la façon des cristaux.

Thomas d'Aquin, en suivant Aristote, avait donné de la vie la définition la plus exacte qu'on pût invoquer dans l'état des connaissances de son temps. Elle est encore presque satisfaisante pour le nôtre. Nous aussi nous définissons la vie dans les mêmes termes. La vie est un mouvement, mais non pas toutefois un de ces mouvements apparents, bien qu'intimes, auxquels fait allusion l'encyclopédiste chrétien. C'est un mouvement moléculaire qui échappe à nos yeux dans la profondeur de l'être et ne se traduit à nos sens que par ses résultats.

Déjà on peut saisir quelque chose comme la première ébauche de cette notion positive chez un autre écrivain religieux, Fénelon, qui a ici tout l'avantage sur Bossuet. Les pages de biologie que ce dernier introduit dans son *Traité de la connaissance de Dieu et de soi-même* (1675-1680) à l'usage du Dauphin sont un assez piètre morceau. Au contraire, le chapitre où son rival aborde les mêmes sujets dans le *Traité de l'existence de Dieu*, écrit, il est vrai, trente ans plus tard, suffirait presque à placer Fénelon au rang des précurseurs de la physiologie moderne. « Qu'y a-t-il de plus beau qu'une machine qui se répare et se renouvelle sans cesse elle-même… L'animal met au dedans de son corps une substance qui devient la sienne par une espèce de métamorphose… L'aliment, qui était un corps inanimé, entretient la vie de l'animal et devient l'animal même. Les parties qui le composaient autrefois se sont exhalées par une insensible et continuelle transpiration. Ce qui était il y a quatre ans un tel cheval n'est plus que de l'air ou du fumier. Ce qui était alors du foin ou de l'avoine sera devenu ce même cheval si fier et si vigoureux, du moins il passe pour le même cheval, malgré ce changement insensible de sa substance. »

On ne saurait plus nettement exposer le phénomène de la nutrition qui est la base même et le fondement de la vie. Nous ignorons à la fréquentation de quels savants, de quels médecins, l'archevêque de Cambrai avait puisé ses notions si précises du mouvement vital. Peut-être dans des entretiens avec Fagon.[1]

Le mouvement qui constitue la vie est un mouvement intime, profond, invisible, incessant, tout à la fois de combinaison et de décomposition. La matière vivante naît sans cesse et meurt sans cesse, se forme et se détruit tout en même temps. C'est en ce sens que Claude Bernard avait pu dire que la vie n'est qu'une mort constante.

Tous les corps liquides ou gazeux portés au contact de la substance vivante et qu'elle peut dissoudre, la pénètrent, se mêlent à elle, puis, entraînés dans le tourbillon, cessent pour la plupart d'être eux-mêmes, se transforment, entrent dans des combinaisons nouvelles qui n'existaient pas en dehors de l'être, mais qui à leur tour se détruisent et passent en d'autres états, impropres ceux-là à la vie,

---

1 Dans son exil de Cambrai, Fénelon connaissait un médecin, Aimé Bourdon, et le tenait même en haute estime. Il soignait Mme de Montbron, et Fénelon recommande constamment à celle-ci de suivre ses conseils. Bourdon avait publié un petit traité d'anatomie, ouvrage sans valeur et qui ne nous donne pas une bien haute idée de l'homme. Mais on voit, d'autre part, par une lettre de Fénelon au marquis (Fanfan), du 20 août 1704, qu'il avait conservé de bons rapports avec Fagon : « Je voudrais. écrit-il au marquis, que vous puissiez faire dire mille choses pour moi à M. Fagon et lui faire demander conseil sur Barèges, où il a été autrefois avec M. le duc du Maine. »

Section III

états sous lesquels ils sont rejetés pour rentrer dans le monde inorganique, enrichi par eux d'ammoniaque et d'acide carbonique, et d'oxygène.

Ce mouvement, nous n'en connaissons pas la nature, nous savons seulement qu'il existe par la comparaison de l'apport et du rejet et de ceux-ci avec le terme intermédiaire, la substance vivante elle-même. Nous savons qu'il se propage à la fois dans tous les tissus et tous les organes de l'être, offrant dans chacun une modalité spéciale, tout en conservant partout le même caractère fondamental, comme l'onde sonore qui, elle aussi, présente un caractère universel, celui d'être pendulaire, avec des modes infiniment variés d'où dépendent le timbre et toutes les qualités secondaires du son.

Ce mouvement est partout au fond des tissus de l'être vivant, depuis les plus simples, comme la substance de l'os, jusqu'aux plus complexes, comme celle des muscles ou du cerveau. Il est partout dans l'être vivant, que celui-ci s'accroisse, ou fleurisse, ou s'incline vers la mort, ou qu'il soit atteint des divers états passionnels, morbides qui peuvent l'affecter ; il est partout dans l'infinie variété des actes physiologiques dont est faite notre vie et qui tous se ramènent fatalement à une modification moléculaire survenant : la sensation de la rétine ébranlée par un rayon lumineux, aussi bien que la contraction d'un muscle et la pensée même. On a essayé pour cette dernière d'arriver par des voies détournées à découvrir la nature des réactions chimiques qui forcément accompagnent tout travail cérébral. Qu'on y soit ou non parvenu, il est impossible de se représenter la mise en activité des éléments nerveux autrement que comme un phénomène de nutrition, c'est-à-dire une modification se produisant dans le mouvement moléculaire.

Mais nous restons impuissants à pénétrer, à connaître la véritable nature de ce mouvement moléculaire intime qui fait des corps animés un monde à part dans le grand cosmos. Quelle est l'origine et la nature de cette énergie nouvelle communiquée à la matière inerte, lui donnant des propriétés ou plutôt des facultés qu'elle n'avait pas jusque-là et qui viennent s'ajouter à toutes celles dont connaissent le chimiste et le physicien ? Disons encore qu'elles s'y ajoutent sans les contrarier, comme on l'a cru longtemps, quand on supposait une sorte d'antagonisme entre la vie et les forces physico-chimiques. La vie n'est en aucune façon un triomphe sur celles-là, et toujours elles gardent leur prépotence. Si nous voyons certains parasites résister aux liquides corrosifs de l'estomac, ce n'est point que la vie entrave ici une réaction chimique qui se produirait partout ailleurs ; c'est simplement que la peau dont sont couverts ces parasites n'est point soluble dans les sucs intestinaux et n'est pas plus attaquée sur eux vivants qu'elle ne le serait après leur mort.

Le mouvement vital n'est, après tout, qu'une modalité épisodique de la faculté universelle qu'ont les corps simples et les composés chimiques de réagir les uns sur les autres. Il exige pour se manifester, comme toute autre réaction, des circonstances définies et même comprises entre d'étroites limites de pression, de température, de lumière qui le restreignent singulièrement et le localisent dans un poids de matière à peine appréciable, si on le compare à celui du globe terrestre, sur lequel elle est répandue.

Mais ce que nous ignorons et de la façon la plus absolue, c'est l'essence propre de ces réactions intimes dont nous ne pouvons dans beaucoup de cas donner la formule rigoureuse et encore moins établir l'équivalent thermique ; c'est en quelque sorte la qualité générique de ces mouvements à la fois particuliers et infiniment variés qui se passent incessamment dans toutes ou presque toutes les parties des corps vivants. Nous savons que le mouvement vital chez chaque individu doit prendre fin à un moment donné : c'est la mort. Nous avons mille moyens de provoquer l'arrêt du mouvement vital. Nous n'en avons aucun de le faire naître. Nous pouvons seulement le propager en quelque sorte, quand nous lui fournissons par les aliments, par la génération, le substratum matériel nécessaire à son existence et à son développement. Nous pouvons de même le dévoyer et lui faire produire des monstres. Nous sommes impuissants à le faire apparaître où il n'existe pas.

Et alors nous sommes conduits à cette autre considération que le mouvement vital est continu. On avait cru autrefois pouvoir le suspendre. On pensait que des graines, des êtres vivants pouvaient mourir momentanément, et celles-là garder intacte leur faculté de germer, ceux-ci revenir à une existence nouvelle quand on les plaçait dans les conditions voulues. Les animaux reviviscents ont beaucoup excité l'attention, mais on ne s'en était guère préoccupé jusqu'alors que pour y étudier la prétendue suspension de la vie. L'intérêt est autre. En réalité, ces êtres continuent de vivre, mais extrêmement peu. Le mouvement vital n'est pas suspendu, mais considérablement amoindri plutôt que ralenti comme la vibration d'une corde sonore qui perd de son intensité jusqu'à n'être plus entendue, alors que le doigt la sent frémir encore. L'esprit d'Edmond About avait créé sur cette donnée des animaux ressuscitant un conte fort amusant, un homme qu'on rappelle à la vie au bout d'un demi-siècle et qui se retrouve tel qu'on l'avait endormi. Avec nos idées, *l'Homme à l'oreille cassée* a dû vieillir un peu, si peu que ce soit, pendant son demi-siècle vécu à la façon des rotifères ou des anguillules privées d'eau. Il est irrationnel et contraire à toute mécanique de supposer un instant que la vie puisse réellement être suspendue, que le mouvement moléculaire qui en est la base puisse devenir nul et recommencer ensuite. On a cru que des graines conservaient indéfiniment la propriété de germer. Il y a quelque quarante ans, des exploiteurs de la crédulité publique répandirent dans toute l'Europe, le vendant fort cher, un blé qu'ils disaient avoir été retiré d'une momie d'Egypte et qui planté donnait de merveilleux épis. C'était une simple escroquerie. Cependant, nous savons des graines qui conservent un temps assez long la faculté de germer : c'est en réalité qu'elles continuent de vivre, de porter en elles ce mouvement intime, plus ralenti chaque jour et qui finit par s'éteindre. Fatalement la graine mourra ; si ce n'est pas dans quelques années, ce sera après un siècle ou deux, peu importe : elle mourra.

Le mouvement vital est donc continu, mais avec d'incessants renouvellements et c'est encore un caractère très particulier qu'il a. Il se propage indéfiniment, mais en rejetant sans cesse une partie des matériaux qu'il animait naguère. Ce blé jauni que le faucheur va trancher, dont le chaume ira couvrir quelque masure, dont le grain semble destiné tout entier à faire vivre les hommes, cet épi dont la durée à nos yeux n'a pas même atteint une année entière, cet épi est éternel, il a vécu toute l'éternité passée, il vivra toute une éternité future. Il a séché, mais ce n'est qu'une apparence. La vie ne s'est pas retirée de lui. Elle est là, toute dans le grain comme en une citadelle. Elle est là, ayant fait le sacrifice du reste de la plante abandonnée à la désorganisation. Mais le germe enfermé dans le grain est vivant. Planté l'année prochaine, il rejettera encore un nouvel épi et ainsi sans fin pendant des milliers d'années.

Il nous convient de regarder comme un être ayant une sorte de commencement et de fin l'épi sorti du grain au printemps et que l'automne va mûrir. Conception tout arbitraire. En réalité, nous ne lui connaissons, à cet épi, ni commencement ni fin. Son commencement se perd dans les lointains d'un passé que la science humaine ignore. Sa fin ? Mais il vivra peut-être des millions de siècles. Cet épi qui frappe mes sens et que je regarde comme une unité organique n'est pas même un individu au sens philosophique du mot ; car il se rattache par continuité à tous les épis, qui l'ont précédé, à tous ceux qui le suivront. L'important, c'est le grain ou plutôt le germe qu'il renferme se continuant par une tige, par une fleur avec un autre grain tout semblable. La racine, le chaume, les balles, c'est l'accessoire, tout cela est abandonné chaque année par le grain renaissant sans cesse de lui-même et qui incarne véritablement l'espèce *blé*.

Section IV

Si le mouvement moléculaire vital est la base même de la vie, dans quelle mesure va-t-il en régler les manifestations ? Va-t-il faire sentir son influence seulement pour le maintien de la forme extérieure, ou la commander dans une certaine mesure ? Il la commande, en effet, et tous les caractères extérieurs de l'espèce et de l'individu nous apparaissent en définitive comme subordonnés aux conditions de leur chimie intime.

C'est à Chevreul que le mérite revient d'avoir le premier formulé ce principe de la dépendance absolue où est la vie, des lois physico-chimiques de la matière inerte. Il n'est pas impossible qu'il ait puisé dans ses relations avec de Blainville cette netteté de vue sur la substance vivante. Charles Robin, l'élève et le continuateur de ce dernier, ne cessa, dans son enseignement à l'École de médecine, dans toutes ses œuvres, de proclamer les mêmes principes sans avoir rien fait, il est vrai, pour en assurer la démonstration expérimentale. Mais elle n'était pas même nécessaire à ses yeux pour déclarer hautement que tout dans le monde organique proclame cette subordination des phénomènes vitaux aux lois de la matière inerte. Quand nous croyons apercevoir une contradiction, c'est que nous ne connaissons pas suffisamment ces lois. La subordination de la forme elle-même ressort des faits les plus vulgairement connus et qu'il suffisait de savoir interpréter.

La démonstration en est déjà dans la fumure et les engrais par lesquels nous arrivons à modifier d'une manière si prodigieuse l'apparence extérieure d'une plante, au point de la rendre presque méconnaissable. Celle-ci pousse dans un terrain sec, aride, elle est rabougrie, coriace, velue. Cette autre sortie d'une graine toute semblable, mais à l'ombre, sur un sol toujours humide, est grande et comme tuméfiée d'eau, molle et glabre. Et sans plus on y verrait deux espèces distinctes, si tous les termes intermédiaires ne se rencontraient çà et là sur les terrains demi-secs ou demi-abrités, qui montrent qu'on avait simplement affaire à deux individus de la même espèce dont la constitution moléculaire n'est pas absolument identique, en raison des conditions où chacun a vécu.

On a cru longtemps que la plante savait choisir par ses racines les substances de la terre utiles à son entretien et à sa croissance. Ceci n'est point juste. La racine au contact des corps extrêmement complexes qui se font et se défont sans cesse dans le sol autour d'elle, prend tous ceux que peut dissoudre le tissu spongieux terminal de chaque radicelle. La plante n'est ici qu'un réactif comme un autre, elle est passive et se laissera pénétrer par toute substance utile ou nuisible dans la quantité où cette substance est susceptible de se mêler et se combiner avec ses tissus superficiels. De même dans l'air que nous respirons, le poumon ne choisit pas les gaz indispensables à la vie et ne rejette pas les autres. S'il n'absorbe pas l'acide carbonique, s'il absorbe à peine l'azote, c'est que le sang, comme tout autre liquide, a pour chacun de ces gaz une puissance de dissolution définie en vertu de laquelle il laisse échapper l'acide carbonique qu'il contient, prend au contraire à l'air des bronches une partie de son oxygène, et laisse l'azote à peu près intact.

C'est également en raison de la constitution moléculaire des parois de la racine et surtout des cellules extrêmes de leur chevelu, que les plantes absorbent tels ou tels principes minéraux, et que ces principes à leur tour, entraînés dans le mouvement moléculaire vital, le favorisent, l'entravent ou le modifient de certaine façon et finalement provoquent un changement sensible dans l'aspect de la plante.

Il semble que cette influence directe, immédiate de la constitution moléculaire sur la forme des êtres vivants s'accuse mieux dans les végétaux, mais c'est peut-être pour ne pas l'avoir recherchée chez les animaux avec autant de soin. Certaines pratiques bien connues des horticulteurs nous montrent avec une évidence singulière cette subordination des caractères extérieurs à la composition chimique de la matière vivante. Voici des pétunias dont on veut faire varier le coloris. On coupe une partie des fleurs avant que le pollen soit tout à fait mûr, on les place sous une bâche au soleil ; puis seulement alors on féconde artificiellement avec le pollen mûri dans ces conditions spéciales, d'autres fleurs laissées sur leur tige et dont on recueillera la graine. Le mouvement nutritif dans les organes de ces fleurs cueillies, ensoleillées, ne s'est plus accompli dans les conditions normales, la vie s'est maintenue puisque le pollen arrive à maturité ; mais ce pollen n'est plus le même, il a contracté des vertus particulières dont l'effet sera d'imprimer aux fleurs sorties de cette fécondation anormale un coloris inconnu jusque-là.

Sans même recourir à des artifices comme celui qui impose au pollen des pétunias une chimie nouvelle, celle-ci va d'elle-même se manifester dans une foule de cas. On a planté toutes les graines venues sur la même plante en ayant soin de choisir une espèce apte à varier, cyclamen, chrysanthème, primevère, dahlia, etc. ; si l'on prend soin de noter les individus qui dès le premier temps après la germination présentent une apparence spéciale dans leur port, dans leur feuillage plus hâtif ou plus retardé, on verra la fleur de ces individus anormaux se colorer d'une autre teinte que celle de la généralité du semis obtenu. Que si la fleur d'un d'eux a cependant la couleur commune, il suffira de la laisser grainer, et d'en semer les graines l'année suivante : la variation du coloris apparaîtra, et on la verra cette fois s'accentuer sur un grand nombre de pieds, issus de l'individu remarqué l'année précédente, comme un peu dévié de la forme normale. Il portait donc en lui déjà la puissance latente de ces réactions nouvelles qui dans les plantes sorties de lui vont donner naissance à des matières colorantes, c'est-à-dire des espèces chimiques, inconnues jusque-là.

Il appartenait à M. le professeur Armand Gautier d'aller au fond de ces variations que l'homme sait par artifice imposer aux êtres vivants. S'aidant de l'analyse et de la balance, le chimiste nous montre ces apparences nouvelles de végétaux en rapport avec la formation en eux de composés chimiques nouveaux. Et cela dans de telles conditions, qu'on peut dire de tout hybride animal ou végétal, qu'il ne représente pas simplement le mélange ou la combinaison des deux formes dont il dérive, mais qu'il est plutôt encore l'expression de combinaisons moléculaires nouvelles donnant naissance à des composés chimiques intermédiaires. Nous sommes en droit dès maintenant d'affirmer que le sang du mulet, par sa composition intime, diffère autant du sang du cheval que du sang de l'âne : c'est une troisième espèce de sang. Et l'expérience serait certes curieuse à faire, de pratiquer la transfusion du mulet soit au cheval, soit à l'âne ; les probabilités sont pour l'insuccès. Le sang du mulet tuerait sans doute le cheval et l'âne comme ferait le sang de toute autre espèce, parce que ce sang doit avoir sa constitution moléculaire spéciale, harmonique aux formes extérieures du mulet et qui ne doit convenir qu'à lui. Tout au moins, les belles études de M. Gautier sur la matière colorante de trois cépages du Midi nous autorisent à penser ainsi.

On s'accorde à regarder les divers cépages de la vigne européenne comme des variétés d'une même espèce végétale lentement modifiée sous l'influence de l'homme. Or, cette variation presque indéfinie n'a pas eu seulement pour résultat d'avancer ou de retarder la floraison et la maturation, de faire varier les quantités de sucre, de tanin, de matière colorante dans le fruit et les autres parties de la plante. Chacun de ces changements extérieurs en quelque sorte n'est que la traduction au dehors de certains changements chimiques. Pour ce qui est de la matière colorante des grains, il y en a, semble-t-il, autant que d'espèces de raisins, et tellement différentes que celles-ci seront solubles dans l'eau et d'autres point ; les unes cristallisent, d'autres restent amorphes ; en voilà qui précipitent en bleu les sels de plomb, d'autres en vert. D'une manière générale, on peut affirmer, d'après les expériences de M. Gautier, que chaque variété de vigne a vu naître en elle une espèce chimique nouvelle qui n'existerait pas dans la nature plus que la forme à laquelle elle est liée, si l'homme n'avait passé par là.

Le *petit-Bouschet* est un cépage du Midi, qui a été créé de 1840 à 1850, par M. Bouschet-Bernard, habile viticulteur de Montpellier. Il résulte du semis de graines obtenues en faisant agir le pollen de l'*aramon* sur les ovules du *teinturier*, dont les fleurs ont été préalablement privées de leurs étamines. Le *petit-Bouschet* se trouve ainsi descendre par filiation régulière des deux cépages méridionaux les plus dissemblables au point de vue de leurs formes végétales, de l'époque de leur floraison, de la qualité de leurs fruits, de la nature de leurs vins respectifs. La coloration des grains du petit-Bouschet est à peu près intermédiaire à celles du teinturier et de l'aramon, mais M. Gautier a démontré par de minutieuses recherches que cet effet ne tenait en aucune façon à une sorte de mélange qui se serait effectué chez le cépage hybride des deux matières colorantes provenant de l'une et l'autre souches. Il n'en est point ainsi. Le principe colorant du petit-Bouschet est en réalité une espèce chimique nouvelle, intermédiaire par sa composition moléculaire aux matières colorantes de l'aramon et du teinturier, mais aussi différente d'elles chimiquement que celles-ci sont elles-mêmes distinctes.

L'homme ne fait donc pas seulement des formes nouvelles en créant les hybrides : il jette dans la nature des principes chimiques qui n'y avaient point leur place.

Section V

On ne peut guère douter qu'il soit possible de réaliser chez certaines espèces animales les merveilleux changements que la pratique a su imprimer aux végétaux de nos champs et de nos jardins. Et, sans doute, en privant un animal de quelqu'un des principes minéraux qui entrent dans la composition de ses tissus, on modifierait profondément ses formes extérieures. Il ne paraît pas que beaucoup d'expériences aient été tentées dans cette direction. En général, celui qui veut modifier une race de bétail s'applique surtout à combiner en vue du but qu'il se propose les accidents survenus dans le troupeau. Il mariera les béliers et les brebis qui ont la plus belle laine pour obtenir en vertu des lois de l'hérédité la qualité qu'il recherche. Mais on peut admettre qu'il doit exister des moyens, — à la vérité encore inconnus, — qui conduiraient directement au même résultat, simplement en modifiant la qualité ou la proportion de certains composés chimiques qui entrent dans la constitution du corps de l'animal. C'est un changement survenu dans la composition chimique intime de l'être qui seul a pu produire l'accident dont se sert ensuite l'éleveur pour arriver à le généraliser, à constituer une race nouvelle.

Il n'est guère à notre connaissance qu'une tentative, — des plus intéressantes, — faite dans cette voie par M. Chabry au laboratoire maritime de Concarneau. Il arrêta son choix, comme animal d'expérience, sur la larve de l'oursin vulgaire. Quelques heures après sa sortie de l'œuf, on la voit comme un point se déplaçant assez vite dans l'eau de mer. Observée au microscope, cette larve a d'abord la forme d'une cloche ; elle prendra plus tard une configuration bizarre qu'on a comparée non sans justesse à un lutrin. On désigne même la larve à ce moment sous le nom latin de *pluleus*, qui veut dire pupitre. Vers le temps où va se faire ce changement de forme, on voit apparaître dans les tissus de la jeune larve des sortes d'aiguilles calcaires, dites *spicules*, dont le dessin et la disposition sont identiques chez tous les individus d'une même espèce. Ces spicules sont constituées par du carbonate de chaux que la larve de l'oursin trouve dans l'eau de mer, qu'elle absorbe comme font les racines d'une plante de la potasse contenue dans le sol. Cette chaux traverse les tissus de la larve et s'unit pour un temps à eux avant de se déposer sous la figure demi-cristalline de ces spicules. Il faut remarquer que ceux-ci, bien que présentant un agencement régulier dans la larve, n'ont aucun rapport, tout au moins au début, avec sa forme extérieure et le dessin de ses organes.

M. Chabry se demanda ce qu'il adviendrait si l'on empêchait la formation de ces spicules en essayant d'élever les larves d'oursin dans de l'eau de mer privée de chaux. Comment va se trouver déviée cette forme si singulière de pluteus ? L'entreprise n'était pas sans difficulté. Pour avoir une eau de mer exempte de chaux, il semblait d'abord naturel de la fabriquer. Or malgré tous les soins apportés à la préparer, en se guidant sur les meilleures analyses des chimistes les plus recommandables, M. Chabry n'arriva qu'à créer une eau de mer artificielle où ses larves d'oursin périssaient à peine écloses. Il fallait tenter autre chose : diminuer par des procédés convenables la chaux contenue dans l'eau de mer naturelle. Mais cette chaux est à l'état de sulfate de chaux. Il s'agissait, pour ne pas dénaturer complètement l'eau, de substituer au calcium une autre base. On n'avait guère le choix. Il fallait s'arrêter au sodium qui est en abondance considérable dans la mer : l'infime proportion qui allait s'y trouver en plus, à la place de la chaux, ne pouvait avoir d'influence quelconque.

Les résultats furent très nets. Sans traces de chaux mêlée à l'eau, les larves à peine écloses s'arrêtent dans leur développement et meurent au bout de quelques heures. Si l'élimination du calcium n'est pas tout à fait poussée jusqu'à ses dernières limites et qu'il y reste seulement la quinzième partie de la quantité déjà bien faible que contient l'eau de mer, les larves pendant quarante heures ne se distinguent en rien de celles qui se développent dans l'eau normale. C'est au bout de ce temps que vont apparaître les spicules pendant que la larve prendra la forme pluteus. Or dans l'eau ne contenant qu'un quinzième du calcium normal, ce changement ne s'effectue pas. Vingt heures plus tard, à la soixantième heure de leur vie, les larves sont encore au même état, tandis que dans l'eau normale elles présentent à ce moment des spicules déjà rameuses ; de plus elles ont pris la forme pluteus accusée à la fois par leur configuration et la division de leur intestin en régions distinctes. C'est seulement vers la quatre-vingt-dixième heure que nos larves privées de chaux vont nous montrer la même modification de l'intestin, mais elles n'ont pas de spicules et ne sont pas devenues des pluteus. Leur forme extérieure a donc été profondément atteinte en raison du changement apporté à la composition intime des tissus et des humeurs par l'absence d'un de leurs constituants nécessaires. La perturbation était insuffisante à faire périr la larve, à faire cesser le mouvement vital, mais celui-ci a été dévoyé, a fatalement abouti à une configuration nouvelle de l'être vivant. Nous avons fait chimiquement un monstre. Il n'est pas douteux qu'un certain nombre de monstruosités en dehors de celles qui résultent d'accidents véritables survenus au cours du développement seront un jour rangées dans une catégorie d'altérations spéciales de l'ordre de celles qu'a su provoquer M. Chabry.

Section V

Une découverte récente, d'ailleurs, a montré sous un jour bien frappant cette relation mystérieuse qui unit la constitution chimique des êtres à leur forme extérieure. En dehors des serpents, on ne connaît guère d'animaux vertébrés qui distillent des venins. D'autre part, malgré les différences organiques profondes qui éloignent les poissons des reptiles, nous retrouvons chez quelques-uns de ceux-là : le congre, l'anguille, surtout la murène, l'apparence et presque la forme si caractéristique des serpents. Or, le professeur Mosso a montré dernièrement que le sang de ces poissons à faciès de serpent est venimeux, très venimeux même. Il suffit de la moitié d'un dé à coudre de sang d'anguille injecté dans les veines d'un chien pour que celui-ci meure foudroyé comme s'il avait été piqué par un serpent à sonnettes. Quel lien caché relie donc la présence de ce venin dans le sang de l'anguille à la forme de son corps ? C'est là un de ces mystères de la vie sur lesquels on voudrait presque fermer les yeux comme par un sentiment de l'impuissance où nous sommes de savoir seulement par quel côté essayer d'en aborder l'étude.

Section VI

Dans un langage rigoureusement scientifique, nous résumerons donc ce qui précède en disant, après Chevreul et Charles Robin, que la forme des êtres vivants est fonction de leur constitution moléculaire. C'est un point auquel n'ont peut-être pas assez fait attention Darwin et les partisans de l'école transformiste. Tout le monde, aujourd'hui, accepte dans ses grands traits la doctrine qu'ils ont faite leur, après un célèbre naturaliste français. Mais, pas plus que Lamark, ils n'ont posé comme il convenait, ou du moins complètement, les termes du problème de l'influence des milieux, Ils ont négligé cette nécessité chimique qui s'impose avec tout changement de forme ou simplement de coloration. Nous saurons, comme l'a fait pressentir M. Gautier, les limites des variations possibles d'une espèce animale, quand nous connaîtrons jusqu'où elle se prête à la création de composés organiques nouveaux. Même alors qu'il y a simplement exagération d'un groupe d'organes déterminés, il faut admettre une modification déterminante dans la chimie de l'individu. Si les milieux ont pu agir, comme tout l'indique, c'est seulement par modification lente et progressive de la constitution moléculaire des êtres, entraînant fatalement à son tour les changements de configuration extérieure qui déterminent chaque espèce animale ou végétale.

Les transformistes nous montrent avec une parfaite assurance les animaux pourvus de vertèbres descendant de quelque animal inférieur, ver ou mollusque. Lequel ? C'est ici qu'on cesse de s'entendre, chacun réglant ses préférences d'après telle ou telle vague ressemblance dans la disposition des organes intérieurs. Mais celle-ci fût-elle plus grande encore, qu'il reste quelque chose à expliquer, et quelque chose d'importance. Ce vertébré a des muscles, des organes des sens, des viscères comme les animaux variés dont on le fait sortir. Mais il a de plus, en lui, des substances vivantes d'un ordre tout particulier, il a du cartilage et de l'os qui sont de véritables espèces chimiques. Quand, comment, quel jour, par quelles circonstances sont apparues ces substances qu'on retrouve identiques à elles-mêmes chez tous les vertébrés, que ne possède aucun des autres animaux existants ? Il ne suffit plus de nous montrer tel type animal provenant de tel autre, tel organe se développant ou disparaissant ou changeant de place et de rapports. Qu'on nous dise donc par quelles réactions chimiques intérieures sont apparus ces composés organiques, ces substances nettement définies dont la présence établit une distinction absolue entre les animaux à vertèbres et les vers ou les mollusques dont on prétend les faire descendre.

De même que l'apparition de nouveaux composés chimiques jusque-là inconnus sur le globe a été la condition nécessaire de la formation de types organiques nouveaux, de même il semble naturel d'admettre qu'au début la vie, sur notre planète, n'a été en partage qu'à des masses amorphes auxquelles, dans la succession prodigieuse des siècles, après des temps incommensurables, par suite d'un travail intime dans leur substance, ont succédé des êtres dont les contours et les dimensions se sont peu à peu et progressivement définis. Le sentiment de cette nécessité hantait sans doute l'imagination de M. Hœckel quand il croyait reconnaître dans son Bathybius la gelée primordiale d'où étaient sortis tous les êtres vivants.

Section VI

En revanche, cette notion d'un commencement simple de la vie a trop été perdue de vue par F.-A. Pouchet et les derniers champions de la doctrine des générations spontanées. Cette question de l'hétérogénie, pour laquelle on s'est passionné il y a quelque trente ans, ne relève peut-être pas seulement de l'histoire de la science. Il n'est pas démontré qu'elle soit à jamais résolue. En tout cas, elle ne saurait renaître sous la forme que lui ont donnée ses derniers défenseurs. Leur erreur capitale, dont toutes les autres ont découlé, fut de vouloir dépasser le but en cherchant à créer au fond de leurs matras, non pas de la substance ayant vie, — une parcelle de sarcode ou de protoplasma, — mais un être possédant une forme définie. Dans l'idée moderne qu'il faut se faire de la vie, la forme nous apparaît comme un épiphénomène résultant de circonstances infiniment nombreuses et infiniment prolongées. Pour tout dire, la forme est par excellence un caractère héréditaire. Elle ne peut exister, nous ne pouvons la comprendre que comme lentement acquise par un modelage mille et mille fois séculaire. Et c'était cette forme, cette figure, cette « psyché » des choses vivantes, comme eût dit Aristote, que les partisans de la génération spontanée prétendaient faire naître dans leurs appareils ! L'objection que nous soulevons ici, — chose assez curieuse, — on ne la leur a jamais faite, et c'est par le détail qu'on a ruiné leur théorie, par la production de faits sapant leurs expériences, mais sans toucher au fond même de la doctrine. Jamais on ne fera apparaître dans une fiole, en combinant tous les éléments imaginables, un animal ou une plante microscopique si simples qu'on voudra, du moment qu'ils ont une configuration définie, parce que celle-ci suppose derrière elle des durées d'existence. Le problème à résoudre n'est pas là : il faudrait créer ce mouvement moléculaire inconnu qui seul constitue la vie et qui entraine tout le reste. Il semble qu'à l'heure présente les chimistes soient sur le point de réaliser par synthèse des substances analogues à celles dont sont faites certaines parties importantes du corps des animaux et des plantes ; mais ne nous berçons pas trop vite d'un espoir chimérique. Il y a un abîme entre le but presque atteint par M. Schützenberger, par d'autres encore, et la création de la plus petite parcelle de matière vivante. On pourra faire de l'albumine comme celle de l'œuf, de la fibrine comme celle du sang, on n'aura que des matières inertes, comme elles le sont elles-mêmes. Le blanc de l'œuf ne vit pas, quoique émané d'un être vivant, pas plus que la coquille de l'œuf et la plus grande partie du jaune. C'est simplement une sécrétion, un rejet des chairs vivantes de la poule, et qui n'emporte d'elles qu'une composition à peu près identique à la leur, en tout cas extrêmement complexe. De là la difficulté de reproduire artificiellement un corps semblable par la synthèse des très nombreux éléments chimiques qui en composent l'édifice délicat. Il faut que chaque molécule soit là et soit à sa place. Mais quand cette synthèse difficile se sera accomplie dans ses cornues, le chimiste aura-t-il créé la vie ? Nullement ! Il sera comme Prométhée en face de sa statue d'argile, le feu du ciel manquera, le feu vivant. Cette albumine, cette fibrine, sorties de la combinaison du nombre voulu des éléments divers qui doivent les composer, restent des corps inertes. C'est beaucoup d'avoir réussi à les édifier. Mais cette matière semblable à celle des corps vivans, ne vit pas, elle est inerte, le seul mouvement qui peut la saisir sera comme celui du cadavre, un acheminement vers la décomposition finale et le retour de ses atomes dissociés au monde inorganique. Il restera toujours à obtenir cette goutte, cette parcelle de substance vivante qu'on verrait s'épandre et revenir sur elle-même, envelopper d'autres corps, les altérer et les rejeter, s'accroître un peu.

Est-ce possible ? Est-ce trop attendre du génie humain ? Il ne le semble pas. Forcément ces conditions se sont déjà trouvées réalisées sur la planète et peut-être à plusieurs reprises. Il n'est point impossible qu'au fond des océans sans doute, ou dans les eaux dormantes, des masses sarcodiques prennent aujourd'hui naissance spontanément. Nous n'en avons pas la preuve, cependant il ne paraît point qu'un tel phénomène soulève d'objection fondamentale. Mais comment surprendre ce début de la vie ? Que si un jour la science parvenait à réaliser ce grand œuvre dans ses laboratoires, elle aurait accompli le désir du premier homme de la légende mosaïque. Nous saurions ce qu'est la vie et la mort. Le rêve des hétérogénistes serait réalisé. L'homme aurait véritablement créé la vie.

ISBN : 978-1977836885

www.ingramcontent.com/pod-product-compliance
Lightning Source LLC
Chambersburg PA
CBHW050255230526
45470CB00005B/2272